新雅

幼稚園常識及綜合科學練習

低班 上

新雅文化事業有限公司
www.sunya.com.hk

編旨

《新雅幼稚園常識及綜合科學練習》是根據幼稚園教育課程指引編寫，旨在提升幼兒在不同範疇上的認知，拓闊他們在常識和科學上的知識面，有助銜接小學人文科及科學科課程。

★ 本書主要特點：

· 內容由淺入深，以螺旋式編排

本系列主要圍繞幼稚園「個人與羣體」、「大自然與生活」和「體能與健康」三大範疇，設有七大學習主題，主題從個人出發，伸展至家庭與學校，以至社區和國家，循序漸進的由內向外學習。七大學習主題會在各級出現，以螺旋式組織編排，內容和程度會按照幼兒的年級層層遞進，由淺入深。

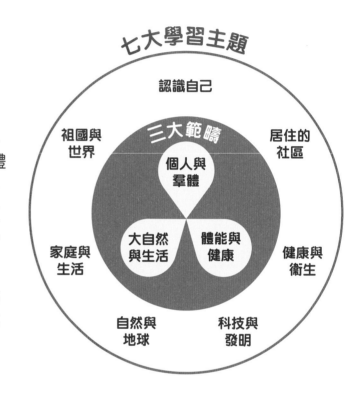

· 明確的學習目標

每個練習均有明確的學習目標，使教師和家長能對幼兒作出適當的引導。

· 課題緊扣課程框架，幫助銜接小學人文科

每冊練習的大部分主題均與人文科六個學習範疇互相呼應，除了鼓勵孩子從小建立健康的生活習慣，促進他們人際關係的發展，還引導他們思考自己於家庭和社會所擔當的角色及應履行的責任，從而加強他們對社會及國家的關注和歸屬感。

·設親子實驗，從實際操作中學習，幫助銜接小學科學科

配合小學 STEAM 課程，本系列每冊均設有親子實驗室，讓孩子在家也能輕鬆做實驗。孩子「從做中學」（Learning by Doing），不但令他們更容易理解抽象的科學原理，還能加深他們學新知識的記憶，並提升他們學習的興趣。

·配合價值觀教育

部分主題會附有「品德小錦囊」，配合教育局提倡的十個首要培育的價值觀和態度，讓孩子一邊學習生活、科學上的基礎認知，一邊為培養他們的良好品格奠定基礎。

品德小錦囊

作為家庭一分子，多幫忙做家務、一起打掃，實踐承擔精神！

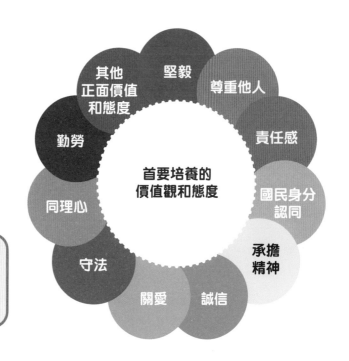

·內含趣味貼紙練習

每冊都包含了需運用貼紙完成的趣味練習，除了能提升孩子的學習興趣，還能訓練孩子的手部小肌肉，促進手眼協調。

K1-K3 學習主題

學習主題＼年級		K1	K2	K3
認識自己	我的身體	1. 我的臉蛋 2. 神奇的五官 3. 活力充沛的身體	1. 靈敏的舌頭 2. 看不見的器官	1. 支撐身體的骨骼 2. 堅硬的牙齒 3. 男孩和女孩
	我的情緒	4. 多變的表情	3. 趕走壞心情	4. 適應新生活 5. 自在樂悠悠
健康與衛生	個人衛生	5. 儀容整潔好孩子 6. 洗洗手，細菌走	4. 家中好幫手	6. 我愛乾淨
	健康飲食	7. 走進食物王國 8. 有營早餐	5. 一日三餐 6. 吃飯的禮儀	7. 我會均衡飲食
	日常保健	—	7. 運動大步走 8. 安全運動無難度	8. 休息的重要

學習主題＼年級		K1	K2	K3
家庭與生活	家庭生活	9. 我愛我的家 10. 我會照顧家人 11. 年幼的弟妹 12. 我的玩具箱	9. 我的家族 10. 舒適的家	9. 爸爸媽媽，請聽我說 10. 做個盡責小主人 11. 我在家中不搗蛋
	學校生活	13. 我會收拾書包 14. 來上學去	11. 校園的一角 12. 我的文具盒	12. 我會照顧自己 13. 不同的校園生活
	出行體驗	15. 到公園去 16. 公園規則要遵守 17. 四通八達的交通	13. 多姿多彩的暑假 14. 獨特的交通工具	14. 去逛商場 15. 乘車禮儀齊遵守 16. 讓座人人讚
	危機意識	18. 保護自己 19. 大灰狼真討厭！	15. 路上零意外	17. 欺凌零容忍 18. 我會應對危險
自然與地球	天象與季節	20. 天上有什麼？ 21. 變幻的天氣 22. 交替的四季 23. 百變衣櫥	16. 天氣不似預期 17. 夏天與冬天 18. 初探宇宙	19. 我會看天氣報告 20. 香港的四季

學習主題＼年級		K1	K2	K3
自然與地球	動物與植物	24. 可愛的動物 25. 動物們的家 26. 到農場去 27. 我愛大自然	19. 動物大觀園 20. 昆蟲的世界 21. 生態遊蹤 22. 植物放大鏡 23. 美麗的花朵	21. 孕育小生命 22. 種子發芽了 23. 香港生態之旅
	認識地球	28. 珍惜食物 29. 我不浪費	24. 百變的樹木 25. 金屬世界 26. 磁鐵的力量 27. 鮮豔的回收箱 28. 綠在區區	24. 瞬間看地球 25. 浩瀚的宇宙 26. 地球，謝謝你！ 27. 地球生病了
科技與發明	便利的生活	30. 看得見的電力 31. 船兒出航 32. 金錢有何用？	29. 耐用的塑膠 30. 安全乘搭升降機 31. 輪子的轉動	28. 垃圾到哪兒？ 29. 飛行的故事 30. 光與影 31. 中國四大發明 （造紙和印刷） 32. 中國四大發明 （火藥和指南針）
	資訊傳播媒介	33. 資訊哪裏尋？	32. 騙子來電 33. 我會善用科技	33. 拒絕電子奶嘴
居住的社區	社區中的人和物	34. 小社區大發現 35. 我會求助 36. 生病記 37. 勇敢的消防員	34. 社區設施知多少 35. 我會看地圖 36. 郵差叔叔去送信 37. 穿制服的人們	34. 社區零障礙 35. 我的志願

學習主題＼年級		K1	K2	K3
居住的社區	認識香港	38. 香港的美食 39. 假日好去處	38. 香港的節日 39. 參觀博物館	36. 三大地域 37. 本地一日遊 38. 香港的名山
	公民的責任	40. 整潔的街道	40. 多元的社會	－
祖國與世界	傳統節日和文化	41. 新年到了！ 42. 中秋慶團圓 43. 傳統美德（孝）	41. 端午節划龍舟 42. 祭拜祖先顯孝心 43. 傳統美德（禮）	39. 傳統美德（誠） 40. 傳統文化有意思
	我國地理面貌和名勝	44. 遨遊北京	44. 暢遊中國名勝	41. 磅礴的大河 42. 神舟飛船真厲害
	建立身份認同	－	45. 親愛的祖國	43. 國與家，心連心
	認識世界	45. 聖誕老人來我家 46. 色彩繽紛的國旗	46. 環遊世界	44. 整裝待發出遊去 45. 世界不細小 46. 出國旅遊要守禮

目錄

靈敏的舌頭

以下的舌頭是屬於誰？請連一連。

   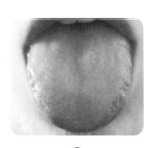

我們人類的舌頭有什麼作用？請分辨出這些作用，並在□內加 ✓。

感受味道　　　　　　　散熱　　　　　　　說話

總結

　　口腔中的舌頭能幫我們說話、咀嚼和感受不同味道。如果沒有舌頭，我們便感受不到食物的味道了。為了保護舌頭，我們不要吃太燙、太冷的食物，也不要一邊吃飯一邊說話，以免咬到它。

你能分辨食物的味道嗎？請把食物貼紙貼在適當的框內。

甜	酸

苦	鹹

看不見的器官

腦袋、肺部和胃部在身體的哪個地方？請把身體器官的貼紙貼在適當的位置上。

總結 ✏️

　　我們的身體內有很多看不到的器官,例如,腦袋、肺部和胃部等,它們有着不同的功能:我們會用🧠來思考並解決問題;我們會用🫁來呼吸新鮮的空氣;我們會用🫃來消化食物並獲取營養。有了這些的器官,身體才能維持正常運作,我們要好好保護它們。

這些身體器官有什麼基本作用?請連一連。

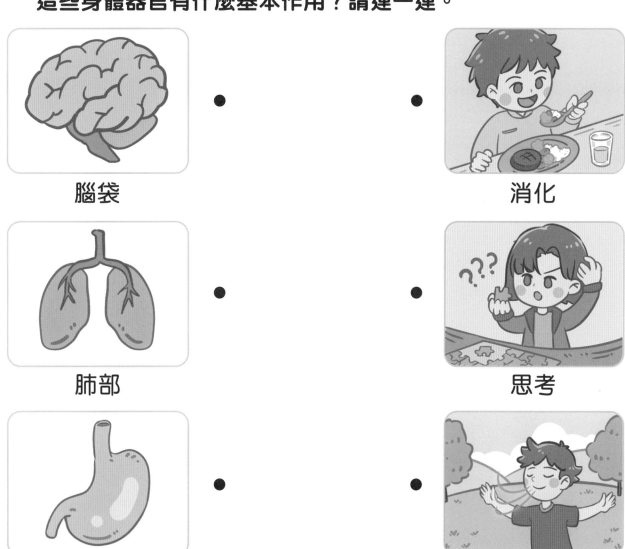

腦袋　　　　　　　　　消化

肺部　　　　　　　　　思考

胃部　　　　　　　　　呼吸

趕走壞心情

當遇到以下情況時，你會有什麼感受？請把適當的字詞貼紙貼在 ⌐‾‾‾¬ 內。

不是我打破的，是小貓打破的！我感到很 ⌐‾‾‾¬ 。

周末，爸爸突然要上班，不能陪我。我感到很 ⌐‾‾‾¬ 。

我不小心弄破了哥哥借我玩的玩具車！我感到很 ⌐‾‾‾¬ 。

媽媽只顧着照顧弟弟，都不關心我！我感到很 ⌐‾‾‾¬ 。

總結 ✏️

我們有時候會有不開心的情緒，例如委屈、內疚、寂寞等。當這些負面情緒出現時，我們要用正確方法的方法來抒發，例如深呼吸或與別人傾訴。

當不開心的情緒出現時，我們要怎樣抒發情緒？正確的方法，請把 👍 貼紙貼上；不正確的方法，請把 👎 貼紙貼上。

傷害自己

喝水冷靜

深呼吸

與別人傾訴

大聲尖叫

聽音樂

家中好幫手

以下哪些東西需要定期放進洗衣機裏清洗？請把它圈出來。

衣服

玩具

牀單

毛絨小熊

電話

窗簾

總結 ✏️

我們要保持家居清潔，減少細菌傳播和患病機會。在日常生活中，我們可以多幫忙做家務，例如：收拾房間、抹枱等。我們要定期清潔物品，保持良好的衞生環境。

以下這些情況需要使用什麼清潔用品呢？請連一連。

 ● ●

 ● ●

 ● ●

品德小錦囊
作為家庭一分子，多幫忙做家務、一起打掃，實踐承擔精神！

一日三餐

一日三餐應該在哪個時間進食比較理想？請圈出正確答案。

早餐

早上 7:00 / 上午 11:00

午餐

下午 3:00 / 中午 12:00

晚餐

晚上 6:30 / 晚上 11:30

總結

我們每天都要進食早餐、午餐和晚餐，三餐的進食時間都要定時，否則會影響我們的營養吸收。另外，我們亦應少吃不健康的食物，避免吸收太多油、鹽和糖。

女孩想吃得健康，她應該吃什麼？請幫助她走出迷宮，並避開要少吃的食物。

吃飯的禮儀

進食以下食物時應該用什麼餐具呢？請連一連。

總結 ✏️

　　我們會因應不同的食物，選用適合的餐具。與人用餐時，記得要注意餐桌禮儀，例如：用餐時安靜，保持良好坐姿，避免做一些無禮貌的行為。

當我們用餐時，以下哪些行為是正確的，哪些是不正確的？
正確的，請把 👍 貼紙貼上；不友善的，請把 👎 貼紙貼上。

謝謝！

運動大步走

以下是什麼運動？請把適當的字詞貼紙貼在 ⌐ ¬ 內。

做運動有什麼好處？請分辨出這些好處，並在□內加 ✓。

增強抵抗力

提升睡眠質素

消耗體內脂肪

總結 ✏️

做運動的好處有很多，例如消耗體內脂肪、增加筋骨靈活性，更可以增強抵抗力。運動有不同的種類，我們可以挑選喜歡的項目參與，多做運動。

以下的運動屬於什麼種類？請把代表答案的字母填在相應的橫線上內。

A.

打籃球

B.

做瑜珈

C.

打排球

D.

划艇

E.

熱身運動

F.

玩滑浪風帆

球類運動
（＿＿＿，＿＿＿）

水上運動
（＿＿＿，＿＿＿）

伸展運動
（＿＿＿，＿＿＿）

安全運動無難度

這些場地可以進行哪種運動？請連一連。

跑步

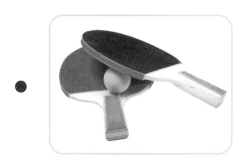

打乒乓球

游泳

打籃球

總結 ✏️

做運動時，我們要留意運動安全守則，並戴上所需的運動裝備，這樣便能安全地做運動。當遇到受傷情況時，例如扭傷，便要立即停止進行中的運動，以免加深患處傷勢。

以下哪些方法可以防止運動時受傷？請分辨出這些方法，並在□內加 ✓。

使用運動安全裝備 □

做熱身運動 □

運動前進食 □

適時休息 □

使用運動輔助工具 □

閱讀場地規則 □

我的家族

思朗要怎樣稱呼其他家庭成員？請仔細觀察以下的家庭樹圖，並把適當的字詞貼紙貼在 〔┈┈〕 內。

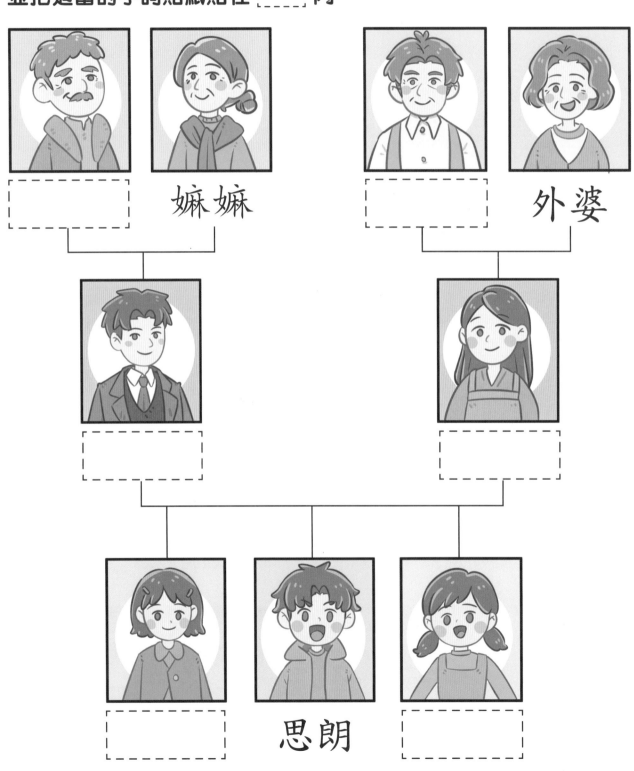

嫲嫲

外婆

思朗

總結

我們對於每個家庭成員都有特定的稱呼。無論長輩或是兄弟姊妹,我們都應以禮相待,嘗試主動溝通,多關心和了解他們,用心維繫家庭關係。

思朗跟爸媽前往探望爺爺,他應該怎樣做?請選出正確的對話,並在□內加 ✓。

你們來了,快進來吧!

□ 爸爸媽媽,我們快進去吧!
□ 爺爺嫲嫲,您好!

思朗,不要偏食,快吃多點蔬菜吧!

□ 知道了,爺爺。
□ 不要!我不喜歡吃西蘭花!

舒適的家

以下的房間屬於家中的什麼地方？請把代表答案的字母填在相應的格子內。

A. 廚房   B. 浴室   C. 睡房   D. 客廳

總結

　　家是我們起居飲食的地方，我們會在不同的房間進行不同活動，例如在廚房煮食、在浴室洗澡，所以不同的房間也會擺放不同的物品。

以下這些物品應該放在家中哪個位置？請連一連。

 ● 　 ●

 ● 　 ●

 ● 　 ●

 ● 　 ●

校園的一角

幼稚園裏有什麼設施？請連一連。

 · · 圖書角

 · · 課室

 · · 大肌肉室

 · · 洗手間

總結

幼稚園是我們學習的地方，那裏有不同的設施，包括課室、圖書角和大肌肉室等。上課時，我們應好好聽從老師的指示，遵守規則，跟同學和諧相處。

當我們在幼稚園上學時，以下哪些行為是正確的，哪些是不正確的？正確的，請把 👍 貼紙貼上；不正確的，請把 👎 貼紙貼上。

品德小錦囊

在學校，我們要學會遵守校規，做好自己，慢慢建立守法意識。

穿着整齊校服

上學遲到

跟老師打招呼

專心上課

排隊上洗手間

上課時吃零食

我的文具盒

以下文具的名稱是什麼？請把正確的字詞圈起來。

鉛筆 / 圓珠筆

橡皮擦 / 轉筆刀

間尺 / 膠水

螢光筆 / 顏色筆

以下哪個小朋友會愛護自己的文具？請把他們找出來，並在□內加 ✓。

定期清潔 □

玩文具 □

把用完的文具放好 □

總結

文具有很多不同的種類，有的可以用來寫字，有的可以用來畫畫。我們要好好愛護自己的文具，每次用完後，記得把它們好好收納起來呢！

思朗正在收拾文具袋，他要把什麼放進文具袋裏？請幫助他在迷宮中拾回所有文具，並放回終點處的文具袋裏。

多姿多彩的暑假

暑假來了，小朋友正在上什麼興趣班？請把代表答案的字母填在相應的格子內。

A. 樂器班　　　B. 繪畫班　　　C. 舞蹈班
D. 跆拳道班　　E. 數學班　　　F. 游泳班

總結

　　參加不同的興趣班，能讓我們發展新技能、培養新興趣。當我們開始學習，就應該堅持下去，不要輕易放棄！

這些小朋友參加興趣班的想法正確嗎？做得對的，在圈裏打 ✓；不對的，在圈裏打 ✗。

我要學鋼琴，希望可以彈琴給爸媽聽。

我要參加所有興趣班，要比其他同學都厲害！

參加興趣班根本浪費時間，我還是去玩、去睡覺吧！

獨特的交通工具

不同顏色的的士分別行駛在香港哪些地域？請連一連。

·   · 新界

·   · 市區

·   · 大嶼山

總結

香港交通方便，有各類的公共交通工具，包括鐵路、電車、巴士和的士等。我們可以因應需要和目的地，選擇乘搭不同的交通工具。

思晴正參加有關電車的問答比賽，你會回答以下的題目嗎？請幫助她選出正確的答案，並在圈裏打 ✓。

1. 以下哪一輛是電車？

  ○

2. 以下哪項是電車的特質？

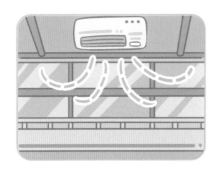  

車廂內有空調　　　只能沿着路軌走　　　沒有司機駕駛

路上零意外

學習重點

· 學習安全地過馬路
· 認識不同的行人過路設施

過馬路時，我們應該怎樣做？請判斷以下行為：好行為，請在□內加 ✓；不好的，請在□內加 ×。

品德小錦囊

胡亂橫過馬路，可是犯法的。記得要遵守交通規則，好好**守法**啊！

握緊爸媽的手

玩耍和奔跑

綠燈才過馬路

沒車時衝過馬路

邊走邊玩手機

走在斑馬線範圍內

總結

我們要遵守交通規則，過馬路時要好好使用行人過路設施，例如斑馬線、行人天橋和隧道。記得切勿胡亂過馬路，以免發生意外。

圖中有哪些行人過路設施？請把它們圈起來。

天氣不似預期

以下這些地方出現了什麼天氣現象？請連一連。

· 下雪

· 雷暴

· 颱風

· 暴雨

總結 ✏️

　　當出現惡劣天氣時，我們應留在室內或到安全地方暫避，直至天氣好轉。此外，我們要經常留意天氣報告，並採取適當的預防措施，減低受惡劣天氣所導致的影響。

當惡劣天氣發生時，我們要做些什麼？請分辨出應該做的事情，並在□內加 ✓。

密切留意天氣報告　□

外出逛街　□

做安全措施　□

靠近海旁　□

如常上學　□

留在安全的地方　□

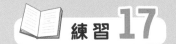

夏天與冬天

香港夏天和冬天的天氣分別是怎樣的？請把正確的答案圈起來。

夏天天氣 炎熱 / 寒冷 ，

而且經常 下雨 / 結霜 。

冬天天氣 炎熱 / 寒冷 ，

而且十分 乾燥 / 潮濕 。

我們通常會在什麼季節做以下的事情？夏天做的，請把 ☀ 貼在 [ ] 裏；冬天做的，請把 ❄ 貼在 [ ] 裏。

吃火鍋

到沙灘玩

使用暖貼

吃雪糕

總結 ✏️

　　香港的夏天炎熱，冬天寒冷。隨着季節和天氣的轉變，我們吃的食物和穿的衣物也有所轉變。在夏天，我們要多喝水避免中暑；在冬天，我們要注意保暖。

以下的物品在哪個季節較常見？請連一連。

●　　　　　　●　　　　　　●

●　　　　　　　　　　　●

夏天　　　　　　　冬天

●　　　　　　　　　　　●

●　　　　　　●　　　　　　●

以下這些跟宇宙相關的東西是什麼？請連一連。

人造衛星　　穿梭機　　望遠鏡　　太空人

你認識我們正在居住的地球嗎？請看下面地球媽媽的自我介紹，並把正確的答案圈起來。

在我的身上，
藍色的部分是　陸地 / 海洋 ；
綠色的部分是　陸地 / 海洋 。
我為你們提供居所，
你們要多愛護環境呢！

總結

科技一日千里，從前我們會利用望遠鏡觀察太空，現在我們可以發射人造衛星或讓太空人乘坐穿梭機前往宇宙探索。這讓我們對地球、月亮和太陽等星體有更深的了解。

以下星體的名稱是什麼？請仔細觀察以下的宇宙圖，並把適當的貼紙貼在 ⸤　　⸥ 內。

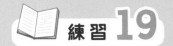
動物大觀園

以下的動物是什麼？請把圓點由 1 至 20 連起來，然後判斷圖中的是哪種動物，請把適當的貼紙貼在 [____] 內。

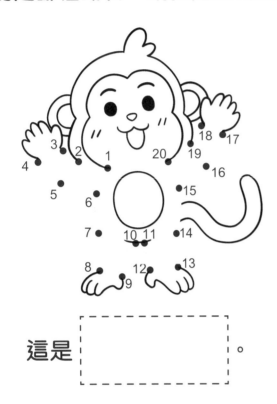

這是 [____]。

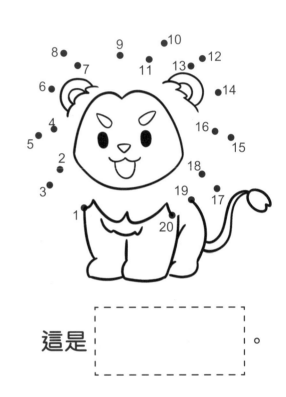

這是 [____]。

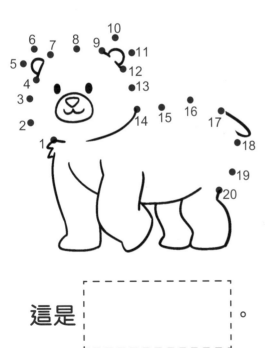

這是 [____]。

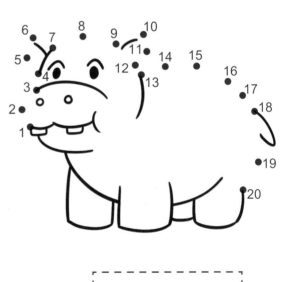

這是 [____]。

總結 ✏️

野生動物是在大自然的環境下生長，牠們跟寵物不一樣，懂得自行覓食、生存和繁殖，因此我們應該避免騷擾牠們，破壞牠們的生活模式。

哪些野生動物是肉食性，哪些是草食性？請把答案代表的字母填在適當的格裏。

A.

長頸鹿

B.

鱷魚

C.

老虎

D.

大象

E.

獅子

F.

犀牛

肉食動物

(＿＿，＿＿，＿＿)

草食動物

(＿＿，＿＿，＿＿)

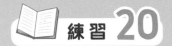

昆蟲的世界

蝴蝶的身體結構是怎樣的？請把身體部分代表字母填在相應的格子內。

A. 胸　　　B. 腹　　　C. 頭

A. 複眼　　　B. 觸角　　　C. 翅膀　　　D. 腳

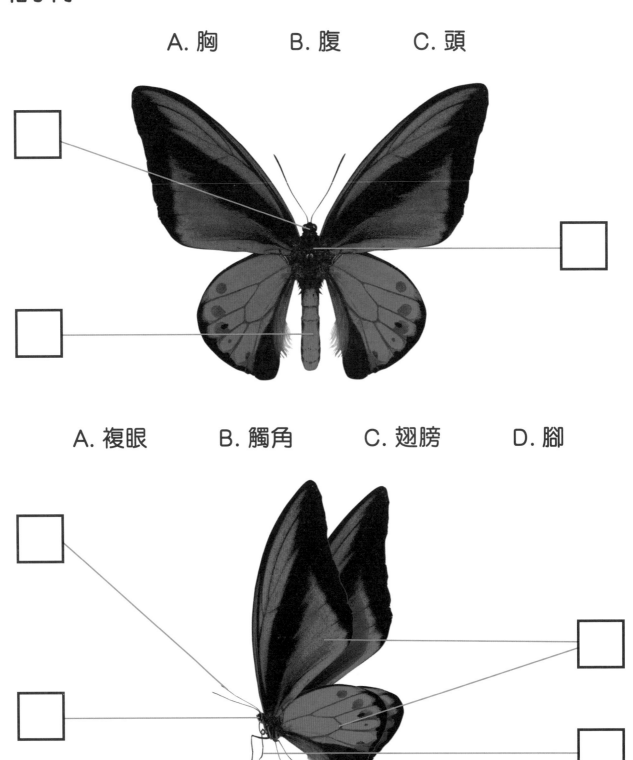

總結

　　昆蟲的身體結構簡單可分成頭、胸、腹三節，胸部有三對腳。牠們頭部大多具有一對觸角和一對複眼。有些昆蟲有翅膀，有些則沒有。

以下哪些小動物是昆蟲？請根據昆蟲的特徵判斷，並把牠們填上顏色。

生態遊蹤

以下的地方展示什麼自然生態？請把代表答案的字母填在方格內。

A. 森林　　　　B. 河川　　　　C. 海洋
D. 沙漠　　　　E. 湖泊　　　　F. 泥灘

總結 ✏️

　　不同種類的動物居住在不同的棲息地。棲息地會為牠們提供居所、食物、水源、和避難所。假如生態環境受到破壞，動物便會失去居所，所以大家要愛護環境！

以下的動物住在哪個生態裏？請連一連。

熊貓

海豚

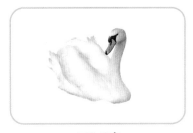

天鵝

彈塗魚

海洋

竹林

泥灘

湖泊

植物放大鏡

植物的結構是怎樣的？請把適當的貼紙貼在 ⌐‾ ¬ 內。

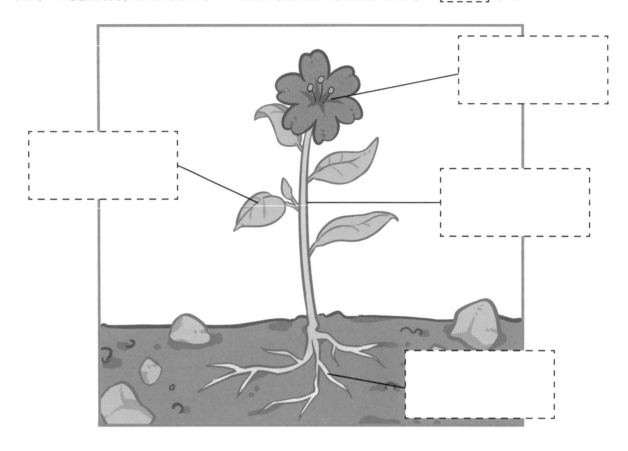

怎樣的生態環境有利植物生長？有利的，請把 👍 圈起來；不利的，請把 👎 圈起來。

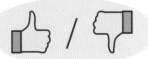
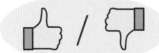
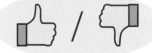

總結 ✏️

　　植物主要可分為花、葉、莖和根四部分，有些植物能結果，會長出果實，有些則不會。因為植物不會動，所以它依賴不同的方式傳播種子。

植物是怎樣傳播的？請分辨出植物的傳播方法，並在□內加 ✓。

飛沫傳播 □

風力傳播 □

動物傳播 □

水力傳播 □

美麗的花朵

圖中花朵的名稱是什麼？請把代表答案的字母填在方格內。

A. 百合花　　　B. 牽牛花　　　C. 菊花
D. 向日葵　　　E. 玫瑰花　　　F. 康乃馨

總結 ✏️

　　各種花朵的生長習性不同，所以一年四季之中都有花朵綻放。由於花朵有着美麗的顏色和形狀，以及有芬芳的氣味，因此一直很受人們的喜愛和使用。

花朵有什麼用途？請選出正確的對話，並在□內加 ✓。

媽媽，母親節快樂！

媽媽，這是：
□ 康乃馨
□ 向日葵

爸爸，您在泡茶嗎？

是的，我在用花泡茶，這是：
□ 菊花
□ 向日葵

1. 圖中的人們在進行什麼運動？請把代表答案的字母填在方格內。

A. 跑步　　　　B. 踏單車　　　　C. 踢足球
D. 游泳　　　　E. 打乒乓球　　　F. 打籃球

2. 以下的房間屬於家中的什麼地方？請把適當的貼紙貼在 |‾‾‾| 內。

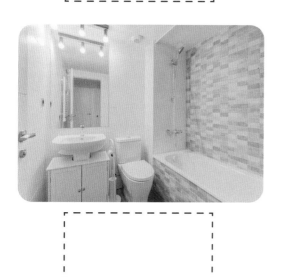

3. 以下哪些物品是文具？請圈一圈。

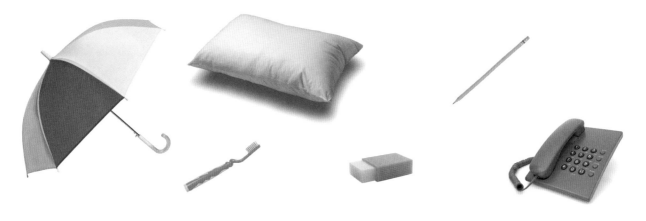

4. 以下的物品在哪個季節較常見？夏天做的，請把 ☀ 貼在方格裏；冬天做的，請把 ❄ 貼在方格裏。

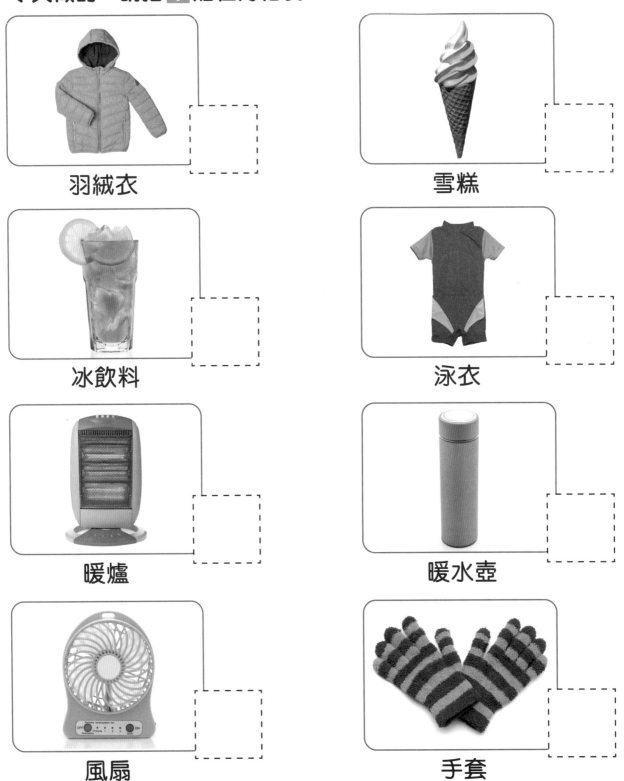

羽絨衣

雪糕

冰飲料

泳衣

暖爐

暖水壺

風扇

手套

5. 圖中的野生動物是肉食性還是草食性？是肉食性的，請把🍗填上顏色；是草食性的，請把🍃填上顏色。

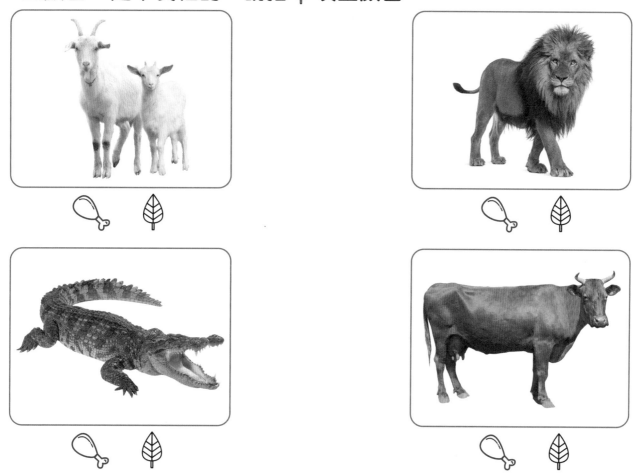

6. 以下這些地方出現了什麼天氣現象？請把正確的答案圈起來。

下雨 / 下雪

颱風 / 雷暴

親子實驗室

植物口渴了

連結主題：植物放大鏡

植物需要喝水嗎？它們會怎樣吸收水分？

 實驗 Start!

學習目標

☑ 比較鮮葉和枯葉，發現它們的不同

比一比

觀察右頁枯葉和枯葉的圖片，然後圈出正確的答案。

	鮮葉	枯葉
顏色	綠色 / 棕色	綠色 / 棕色
觸感	光滑 / 粗糙	光滑 / 粗糙

 一塊鮮葉

 一塊枯葉

 紙巾（或紗巾）

 小槌子（非必要）

動手做

實驗 1 哪種葉子含有水分

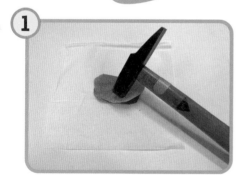

①

把鮮葉放在紙巾上，
運用小槌子敲打葉子。

②

把枯葉放在紙巾上，
運用小槌子敲打葉子。

觀察結果：

我們可以觀察到：鮮葉下的紙巾（有 / 沒有）水分，枯葉下
的紙巾（有 / 沒有）水分。那麼，植物是由哪個部分吸收水
分的呢？

 實驗 Start!

🎯 學習目標

☑ 植物怎樣輸送水分

📥 準備材料

芹菜　　　　　　　一朵白色花

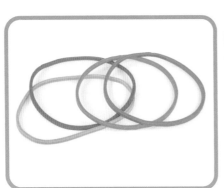

兩條橡皮圈

⚠ 可以加入食用色素製作而成！

兩杯顏色水

植物從莖部吸收水分

①

把顏色水倒進玻璃水杯中。

②

把芹菜的莖部和花的底部
浸進顏色水中。

④ 靜待 1 天。

③

在杯外繫上橡皮筋作記號，
以標示水位位置。

觀察結果：

水位（升高 / 下降）了，代表植物（有 / 沒有）吸收水分。
芹菜（有 / 沒有）變色，花（有 / 沒有）變色。

總結

　　從「實驗二」可以得知，植物的根部吸收水分後，會經
由莖部傳輸至其他部位，產生水往高處爬的現象。所以，當
我們給根部提供有顏色的水分時，花冠和莖菜的顏色便會有
所變化。

P.12

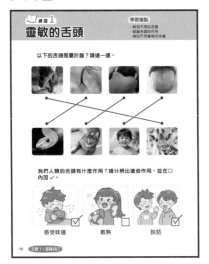

P.13

P.14

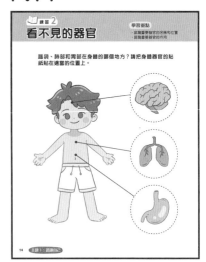

P.15

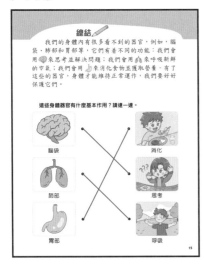

P.16

P.17

P.18

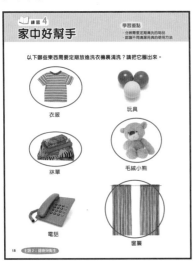

P.19

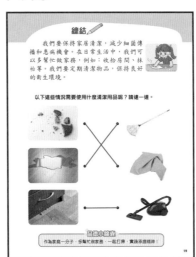

P.20

P.21

P.22

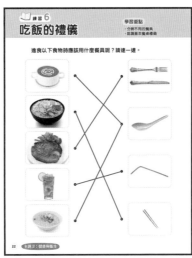

P.23

P.24

P.25

P.26

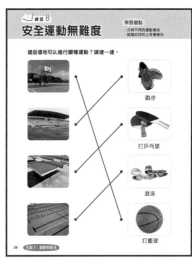

P.27

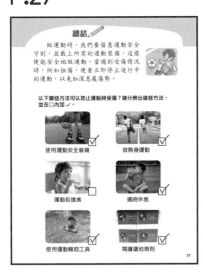

P.28

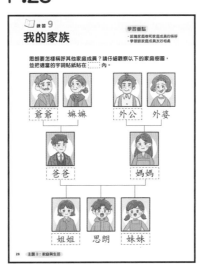

P.29

P.30

P.31

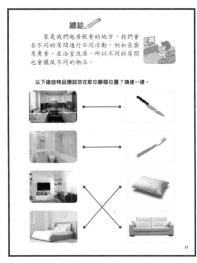

P.32

P.33

P.34

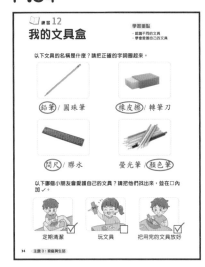

P.35

P.36

P.37

P.38

P.39

P.40

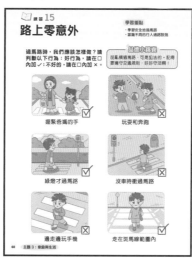

P.41

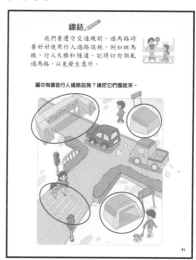

P.42

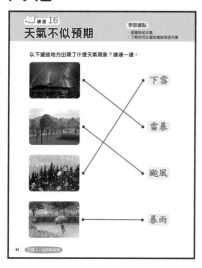

P.43

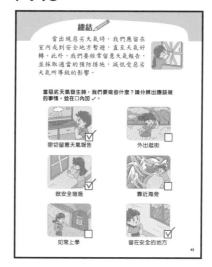

P.44

P.45

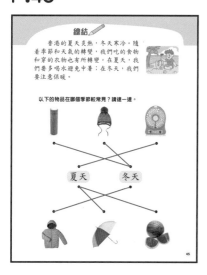

P.46

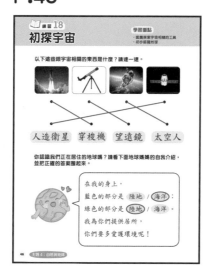

P.47

P.48

P.49

P.50

P.51

P.52

P.53

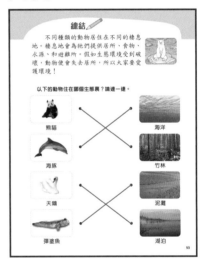

P.54

P.55

P.56

P.57

P.58

P.59

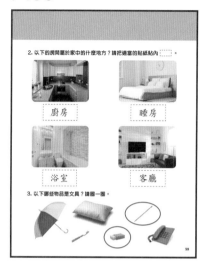

P.60

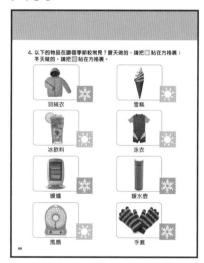

P.61

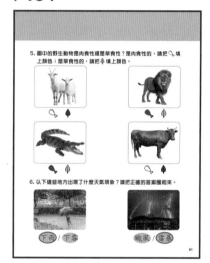

P.62

P.63

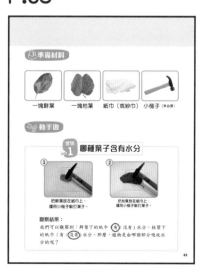

P.65

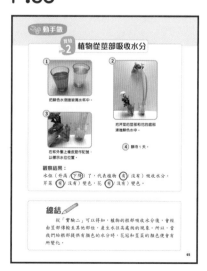

幼稚園常識及綜合科學練習（低班上）

編　　　者：新雅編輯室
繪　　　圖：紙紙
責任編輯：黃偲雅
美術設計：徐嘉裕
出　　　版：新雅文化事業有限公司
　　　　　　香港英皇道 499 號北角工業大廈 18 樓
　　　　　　電話：（852）2138 7998
　　　　　　傳真：（852）2597 4003
　　　　　　網址：http://www.sunya.com.hk
　　　　　　電郵：marketing@sunya.com.hk
發　　　行：香港聯合書刊物流有限公司
　　　　　　香港荃灣德士古道220-248號荃灣工業中心16樓
　　　　　　電話：（852）2150 2100
　　　　　　傳真：（852）2407 3062
　　　　　　電郵：info@suplogistics.com.hk
印　　　刷：中華商務彩色印刷有限公司
　　　　　　香港新界大埔汀麗路36號
版　　　次：二〇二四年六月初版

ISBN: 978-962-08-8378-1
© 2024 Sun Ya Publications (HK）Ltd.
18/F, North Point Industrial Building, 499 King's Road, Hong Kong
Published in Hong Kong SAR, China
Printed in China

鳴謝：

本書部分相片來自Pixabay (http://pixabay.com)。

本書部分相片來自Dreamstime（www.dreamstime.com）許可授權使用。